LA
CULTURE ALTERNE
SEMI-PASTORALE

DEVANT

L'ENQUÊTE AGRICOLE

NOTICE
RÉDIGÉE ET COMMENTÉE

PAR

M. DAUVÉ (FRANÇOIS-ADOLPHE)

Licencié en Droit, propriétaire exploitant,
à la ferme de la *Maison-Renaut*, commune de Richebourg,
canton d'Arc-en-Barrois (Haute-Marne).

Aide-toi, le Ciel t'aidera !

A la propagation de la culture
alterne semi-pastorale.

Production avec amélioration
et simplification.

Ire. ÉDITION.

CHAUMONT

IMPRIMERIE ET LITHOGRAPHIE DE Ve MIOT-DADANT.

1866.

LA
CULTURE ALTERNE
SEMI-PASTORALE
AVEC SOLES DE REMPLACEMENT ET SPÉCIALISATION
DEVANT
L'ENQUÊTE AGRICOLE

> Les progrès de l'agriculture doivent être un des objets de notre constante sollicitude, car de son amélioration ou de son déclin datent la prospérité ou la décadence des empires.
>
> (*Discours du Trône, 16 février 1857.*)

LA
CULTURE ALTERNE

SEMI-PASTORALE

DEVANT

L'ENQUÊTE AGRICOLE

NOTICE

RÉDIGÉE ET COMMENTÉE

PAR

M. DAUVÉ (François-Adolphe).

Licencié en Droit, propriétaire exploitant,
à la ferme de la *Maison-Renaut*, commune de Richebourg,
canton d'Arc-en-Barrois (Haute-Marne).

A la propagation de la
culture alterne semi-pastorale.

Production avec amélioration
et simplification.

Iʳᵉ ÉDITION.

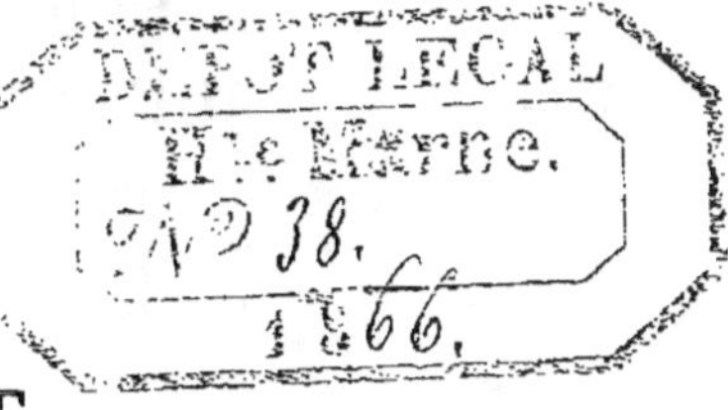

CHAUMONT

IMPRIMERIE ET LITHOGRAPHIE DE Vᵉ MIOT-DADANT.

1866.

A LA MÉMOIRE

DE

RÉNÉ.

J'ai commencé à transcrire cet opuscule au bruit caressant d'une voix enfantine qui nous enivrait d'espérance et de joie. Aujourd'hui, hélas ! un cercueil a remplacé le berceau de mon enfant, et je n'entends plus que les sanglots d'une mère éplorée.....

Après avoir effleuré la terre, Réné, l'ange chéri du foyer, vient de prendre son essor vers les cieux.

Puisse-t-il m'avoir inspiré une œuvre utile à mon pays !

A. DAUVÉ.

AUX AGRICULTEURS.

Si, à mon entrée dans la carrière, j'avais rencontré ces lignes, je me serais épargné deux choses toujours très précieuses en culture : *du temps et de l'argent*.

L'espoir que cette notice, primitivement destinée à l'intimité, peut devenir utile à plusieurs de mes semblables, joint au désir exprimé par quelques confrères et amis, m'ayant décidé à la publier, je ne changerai rien pour ainsi dire à sa forme première ; seulement, au lieu de m'adresser à quelques-uns, j'aurai l'honneur de parler à tous et dans l'intérêt d'un groupe nombreux de Français dont la gêne ou le bien-être ne saurait manquer de réagir sur tout le reste de la nation.

Cependant, je prie le lecteur avec lequel je n'ai pas l'honneur d'être en relation, de passer légèrement sur les faits qui lui sembleraient tant soit peu étrangers à la question pour s'attacher uniquement à ce qui doit tourner au profit de notre agriculture et de sa transformation indispensable, quand même nous ne serions pas aux prises avec le libre échange ; *car, disons-le, la routine et la pratique des méthodes trop imparfaites, irrationnelles, plus ou moins vicieuses en un mot, doivent avoir aussi bien leur part de responsabilité dans la situation actuelle.*

M'étant placé à un point de vue général pour exposer mon système de culture, j'ai cru pouvoir ne pas charger ce récit de trop de chiffres ; néanmoins, j'y ai eu recours chaque fois que la clarté de mon sujet a paru l'exiger.

Evidemment le plan de ce petit livre,

qu'on peut lire d'une haleine, ne permettait pas d'embrasser la science entière ; du reste je ne saurais remplir un cadre aussi vaste, et celui que je publie aujourd'hui, restreint qu'il est, laissera sans doute encore à désirer.

Mais j'ai voulu mettre en lumière quelques points fondamentaux, ceux surtout qui se relient intimement à la pratique, et qui, par conséquent, intéressent au plus juste titre les gens du métier.

Je suis entré dans quelques détails plus spéciaux à l'élevage du mouton, parce que l'ayant étudié de très près et avec un certain succès (1), je pense le bien connaître. Dans la plupart des fermes de la région et encore ailleurs (2),

(1) Naguère, sur la recommandation unanime du grand Jury régional, l'auteur recevait de M. le Ministre de l'agriculture une récompense spéciale à raison de la beauté de son troupeau et de la belle qualité de sa laine.

(2) Le *Moniteur des travaux publics* extrait d'une statistique le chiffre suivant, qui se rapporte à l'effectif des bêtes à laine existant dans les 89 départements (moutons et agneaux) : 35,000,000, dont 26,000,000 de mérinos métis et seulement 7,000,000 de bêtes communes.

ne tient-il pas la première place? Sans
lui une partie notable de notre sol serait vouée à l'infécondité et deviendrait
inexploitable ; c'est une question capitale pour l'agriculture française, et qui
se recommande aux sérieuses médita-
tions des économistes de notre pays,
comme à la vive sollicitude de son gouvernement et à la sympathie du Souve-
rain. Tous ceux qui ont à cœur le sort
de l'agriculture, ne sauraient apprendre
sans inquiétude le décroissement de
notre richesse en bétail, particulière-
ment la diminution de l'espèce ovine,
*et par surcroît le délaissement de nos
belles laines mérinos autrefois tant recherchées.* Le fait est-il imputable seulement au défaut d'hygiène, à l'insalu-
brité des saisons, aux guerres d'Amé-
rique, à l'incurie enfin? Que les maîtres
parlent et s'entendent, surtout qu'on
avise si l'on ne veut attrister les mânes
de *Daubenton*, en laissant s'amoindrir
l'une des plus belles conquêtes de la
France agricole.

Quant aux nouveaux traités de commerce, ne seraient-ils pour rien dans notre malaise ?

J'avoue, qu'appliqués sans transition et d'une manière absolue, il est fort à craindre qu'ils ne viennent aggraver le mal et augmenter des vides fort regrettables déjà ; mais après une expérience que vous semblez trouver un peu longue, il y a lieu d'espérer quelques modifications restrictives basées sur les *frais de revient, indigènes et étrangers,* largement calculés puis comparés entre eux. Ne vous laissez donc pas aller trop vite au découragement, chers lecteurs ; car d'un côté, s'il est bien prouvé que, vu la nature du sol notamment, il est impossible à un grand nombre d'agriculteurs de remplacer dans leurs exploitations le mouton par un autre bétail, et si, d'un autre côté, le genre d'élevage en question ne peut se pratiquer chez nous qu'à des conditions beaucoup plus onéreuses que chez la plupart de nos concurrents, n'y a-t-il point là un cas de force majeure qui devra faire surgir de la comparaison des prix de revient, une exception à la règle? Eh! pourquoi serions-nous moins dignes d'intérêt que certains industriels? Patience donc, car si l'enquête annoncée met en évidence et la stérilité de vos labeurs et l'impuissance ou le peu de succès de vos efforts, cependant bien dirigés, l'auteur aujourd'hui tout puissant de l'*Extinction du paupérisme* ne pourra se contredire en le laissant frapper à votre porte et s'introduire chez vous, voire même sous le masque séduisant de la liberté!

D'ailleurs, une restriction motivée, comme je viens de l'exposer, sur des considérations majeures, et ainsi déterminée par l'examen, faisant bien entendu la plus grosse part au principe, mais réservant celle des hommes, ou plutôt celle des circonstances inhérentes à tout milieu, de pareilles exceptions, dis-je, ne sauraient que proclamer la sagesse de la doctrine au lieu de l'infirmer. Tout au moins elles permettraient d'attendre que le moment fut venu de réparer l'accroc fait à la liberté, et suffiraient, Dieu et la culture alterne aidant, pour remettre à flot le navire qui porte les plus précieux trésors de l'Etat.

Ainsi lecteurs, si comme j'aime à le penser, vous êtes véritablement les hommes du progrès, et si, comme je l'espère, le libre échange, à la suite de l'enquête, se montre un peu plus circonspect à votre endroit et moins absolu dans l'application immédiate de son principe, vous ferez mentir ceux qui, par calcul et à tous propos, en font un épouvantail et nous disent que, dans les plis de son large manteau, il tient caché votre linceul !

Au surplus, quand le chef de l'Etat s'honore d'être agriculteur lui-même et qu'il désigne son fils, l'héritier du trône, pour présider les grandes assises de l'industrie et de l'agriculture, *l'oasis* pourrait-elle redevenir *désert*.

PREMIÈRE PARTIE.

PREMIÈRE PARTIE.

Essai théorique et pratique sur la culture alterne avec soles de REMPLACEMENT et SPÉCIALISATION.

Messieurs et chers lecteurs,

Avant d'aborder au vif la question principale, permettez-moi de vous reporter un instant à l'origine de cette notice et de rappeler quelques-unes des circonstances qui l'ont précédée.

En invitant MM. les jurés à visiter mon petit domaine, je ne prétendais point disputer la prime d'honneur, et j'ai cru devoir résister à quelques instances qui m'avaient été faites à ce sujet.

Mes résultats étaient trop récents, et le concours trop prochain pour qu'il m'eut été possible de légitimer une si noble ambition.

Prendre date et s'entendre dire par

des hommes compétents et sérieux que je n'avais pas pris fausse route, tel a été mon but (1), telles ont été mes espérances.

Depuis bientôt dix années que je suis à l'œuvre, je pense, il est vrai, avoir jeté les fondements d'un *édifice simple et solide*, j'en ai vu monter graduellement les assises, mais il ne pouvait encore recevoir son couronnement.

Toutefois, à l'occasion du concours régional de Chaumont, je n'ai pu résister au désir d'appeler la haute Commission présidée par M. Lambezat, inspecteur général de l'agriculture, afin de lui faire apprécier dès ce moment les travaux accomplis ; arrivé à la onzième heure, je n'ai eu que le temps, tout juste, de formuler mon désir, mais aujourd'hui, encouragé par les deux visites de cette honorable Commission et

(1) Par le fait de cette publication, l'auteur s'est assigné un but d'utilité de beaucoup moins individuel.

les marques unanimes de satisfaction consignées dans son rapport, voulant de plus fournir mon obole à l'enquête, je viens, à l'aide d'explications ultérieures et mieux à la portée d'un certain public, suppléer au laconisme du premier mémoire esquissé à l'occasion du concours régional, et par là essayer d'en combler les lacunes.

En 1857, je fis procéder au partage de la propriété que je suis en train d'exploiter. Dès l'abord, j'eus à combattre le système de morcellement préconisé par mes co-partageants ; mais je fus assez heureux pour réunir en un seul contexte, après diverses opérations d'échanges, soixante-dix à soixante-douze hectares qui furent divisés en quatorze soles ainsi que vous le verrez tout-à-l'heure.

Une soulte de dix mille francs me fut donnée, le sort m'ayant attribué le lot des *Rognures,* comme on l'appelait en termes de mépris. Le défricher, l'épierrer, le défoncer, l'assainir, créer des chemins, en extraire les terres pour les transporter à la place des carrières et mergers, mettre en culture les meilleurs champs, acheter du fumier pour les préparer à recevoir des racines et des prairies artificielles, ce fut l'objet de mes premiers soins.

J'appliquai à ces diverses choses quinze ou seize mille francs provenant de la vente d'un petit cabinet d'antiquités, colligées à diverses époques, mais plus spécialement depuis mon séjour à Nancy.

Un débiteur malheureux venait de me faire perdre une somme de vingt mille francs destinée à mon exploitation naissante ; c'est pour réparer la brèche faite à mon capital que je me décidai à vendre cette modeste collection dont j'étais cependant bien amoureux. Désormais l'amateur de vieux bois sculptés devait céder le pas à l'agriculteur.

J'en étais à mes premiers débuts de culture proprement dits, et je venais de me procurer à la fabrique de Dombasle les instruments aratoires qui me semblaient les plus indispensables.

Puis j'allai bientôt acheter dans les meilleures bergeries des environs (chez M. Durand, maître de postes à Chaumont, et chez M. Bouchu, propriétaire à Longuay) quelques centaines de bêtes à laine, parmi lesquelles je choisis un certain nombre de brebis qui furent luttées par des béliers que je fis primer aux concours régionaux de Chaumont et de Strasbourg.

D'un autre côté, je ne négligeai rien pour arriver à la connaissance complète de mon sol et je commençai, sur le terrain même, les premières études qui devaient me diriger dans le choix d'un assolement.

L'année suivante, je fis exécuter, d'après mes idées et sous ma direction, les constructions nécessaires à mon installation définitive ; ensuite j'entrepris la création d'un jardin verger encore inachevé, il est vrai, consacrant au plus utile mes ressources actuelles.

A la fin de la quatrième année, guidé par des essais comparatifs tentés sur une assez grande échelle, et après les préoccupations les plus vives, les réflexions les mieux muries, je crus pouvoir adopter l'assolement dont suit le tableau, pour en commencer sur le champ l'application, au fur et à mesure du possible.

Culture alterne.

Dans le règne végétal plus peut-être que dans le règne animal, l'alternance est un besoin naturel. On peut même affirmer que la loi de l'*alternance* et celle plus impérieuse encore de la *restitution*, forment à elles deux presque tout le code de l'agriculteur ; elles sont

assurément de premier ordre et distan-
cent toutes les autres règles afférentes
à la production. A vrai dire, elles constituent l'hygiène du sol arable, comme
dans la médecine vétérinaire le *régime*
constitue l'hygiène de nos animaux do-
mestiques. Aussi va-t-on voir que je
fais tout mon possible afin de ne pas
m'en départir.

Cadre de la culture alterne.

1° Betteraves fumées à raison de 40
à 45,000 kilog. de fumier normal. (Il
serait bon d'avoir recours à quelques
engrais pulvérulents, si la fumure sem-
blait incomplète.)

2° Blé avec luzerne au printemps, ou
autres semis de prairies artificielles à
base de graminées, autant que la nature
du sol le comporte, alternant avec la
luzerne, de sorte que celle-ci ne revient
ordinairement qu'après quatre fumures
alternatives, un chaulage si le calcaire

est insuffisant et après un certain laps de temps, toujours nécessaire au complet développement de cette plante, lorsqu'elle reparaît dans un terrain où elle a précédemment végété.

3° Avoine sur 1° ordinairement vieille prairie pâturée, rompue et transportée seulement après l'hiver, du cadre des soles des prairies artificielles au cadre de la culture alterne lorsque la jeune prairie qui vient d'être semée dans le blé pour remplacer la vieille a suffisamment réussi, ou 2° par exception, après un semis de prairies artificielles manqué.

4° Dravières d'été avec avoine, pâturées ou bien récoltées en maturité, mais seulement lorsqu'elles se trouvent semées en seconde portée, sur vieille prairie rompue ayant été pâturée. L'énergie végétative résultant de la mise en herbe et de la pâture qui lui succède peut autoriser cette infraction à la règle de l'alternat, et dans certains cas ce se-

rait une duperie de ne pas se la permettre.

5º *Jachère*. (Cette petite jachère bien
traitée pour le colza et n'occupant
qu'une sole sur quatorze, ne manque
pas cependant d'exercer une salutaire
influence sur toute l'exploitation). En
procédant de la sorte l'on profite des
avantages de la jachère sans se ressentir de ses inconvénients.

6º Colza fumé à raison de 35 à
40,000 kilog. de bon fumier de bergerie, qui favorise mieux que tout autre
sa végétation.

7º Blé.

8º Dravières d'hiver avec seigle, semées immédiatement après les mois-
sons, partie livrée au pâturage, au premier printemps, partie fanée et partie
récoltée mûre.

9º Avoine avec quelques engrais sur
la partie des dravières récoltées pour
semences.

Cadre des soles de remplacement ou prairies artificielles.

1° Jeune prairie réussie après l'hiver, transposée, ensuite fauchée, pendant un temps indéterminé (ordinairement 2, 3 à 6 ans).

2° Jeune prairie fauchée pendant un temps indéterminé.

3° Prairie adulte fauchée pendant un temps indéterminé.

4° Vieille prairie livrée au pâturage pendant un temps indéterminé.

5° Vieille prairie livrée au pâturage pendant un temps indéterminé (1).

Une fois ces cadres adoptés, je résolus de les remplir en passant du simple au composé. Qui trop embrasse mal étreint. A partir de ce moment, c'est le

---

(1) La France actuelle possède 5,100,000 hectares en prairies naturelles et 2,600,000 en prairies artificielles ; avec notre système, ces dernières dépasseraient les premières.

tas de fumier qui va régler la marche en avant.

Pendant le cours d'une rotation et grâce à mon système de culture, le fumier à provenir annuellement d'un hectare de ma ferme peut être évalué à une moyenne de 6,000 kilog. de fumier normal, soit environ un total de 400,000 kilogrammes.

L'on comprend qu'une agriculture qui veut se suffire à elle-même ne puisse guère donner que des évaluations moyennes et approximatives ; ici la fumure de chaque année correspond aux récoltes qui la précèdent ; plus ces dernières ont été favorisées, plus les engrais seront abondants *et vice versâ*. Pourtant lorsqu'il survient une récolte exceptionnelle, on fera bien de se ménager une réserve afin d'amortir le contre-coup des mauvaises.

A propos de mon assolement et de sa combinaison, qui peut paraître un peu insolite, qu'il me soit permis d'entrer ici dans quelques explications.

Maintes fois je me suis demandé comment il se faisait qu'un si grand nombre d'auteurs, qui ont écrit sur la matière des assolements, aient pu donner la préférence à une rotation avec soles de prairies artificielles à échéances fixes et absolument limitatives en ce qui concerne leur existence, lorsque tant de circonstances cependant peuvent venir en modifier la vitalité et par conséquent la durée.

Les partisans de ce dernier système, sacrifiant leurs intérêts à sa monotone régularité, voudraient établir un assolement à l'instar d'un chronomètre.

Est-ce praticable ? quand même nous serions tous des Mathieu (de la Drôme).

Les ressorts qui président à la marche de la véritable culture alterne, sont par trop différents de ceux qui règlent le mouvement de notre montre.

Ceux-ci, ouvrage de l'homme, sont destinés par lui à faire mouvoir de bien

petites touches sur un cadran indicateur
plus ou moins mesquin, ajusté par
l'horloger.

Ceux-là, œuvre de l'infini, indépen-
dants de notre volonté, se passant de
notre initiative et échappant pour ainsi
dire totalement à notre direction, sont
appelés à exercer leur influence sur
toute la surface cultivée et étreignent le
globe entier de leur puissance irrésistible.

Que faire alors ?

Ne pas abuser de ces dernières ni les
entraver en prolongeant trop ou pas
assez la durée de la prairie artificielle,
mais se conduire selon les éventualités
et non selon des prévisions trop souvent déçues pour qu'il soit prudent de
les ériger en système.

Telle est ma règle sur ce point aussi
délicat qu'important.

Moyens d'exécution.

Plusieurs étapes venaient d'être fran-
chies dans les ténèbres du tâtonnement;

mais à force d'explorer mon domaine, la lumière se fit.

Pour agir sagement, il était nécessaire de connaître à fond les besoins du sol. Il ne fallait pas s'arrêter à la superficie, il ne fallait pas se contenter de voir par les yeux des autres et baser un système sur des ouï dire ; il fallait étudier soi-même et approfondir à l'aide d'observations répétées, la nature de la propriété, ses aptitudes et les détériorations que la *culture antérieure* lui avait fait subir, ainsi que le système qu'il était avantageux d'y substituer pour la régénérer.

C'est en procédant de la sorte que j'entrepris de me rendre compte de ma terre et d'en faire profit. Elle était argilo-siliceuse en général, suffisamment calcaire et ferrugineuse, reposant presque toujours sur la couche lévique, quelquefois marneuse.

Les éléments de fertilité avaient été épuisés par une culture imprévoyante (la pratique du système triennal avec tous ses abus), je comptais sur une culture alterne semi-pastorale pour opérer la régénération voulue.

Dès lors il s'agissait de fixer le nombre des soles, d'en déterminer la nature et de les classer dans un ordre particulier.

Mais préalablement encore je devais :

1° Demander à mes champs ce qu'ils exigeaient de fumier pour mener à bien une série de récoltes données ;

2° Savoir l'espèce et le nombre des animaux propres à fournir la dose de fumier indiquée ;

3° Enfin connaître la quotité et la nature des éléments végétaux nécessaires au renouvellement des engrais et à l'entretien du bétail. Ce dernier point est d'une importance capitale ; il est à la fois la base et la clef de voûte de l'édifice ; en se décomposant d'abord et se transformant ensuite à l'infini, les végétaux doivent finalement concourir à la

formation de nouvelles plantes, qui elles-
mêmes serviront un peu plus tard à re-
produire le *circulus* providentiel qui
les fait naître toutes et les vivifie chacune à son tour.

Privés de cet agent indispensable, le
règne animal ainsi que le monde végétal crouleraient infailliblement du même
coup, et la terre, impuissante à donner
par elle-même le plus chétif des brins
d'herbe, deviendrait à l'instant une im-
mense nécropole.

Sans parler d'essais moins satisfai-
sants, voici comment je suis parvenu à
jeter quelque lumière sur ces intéres-
santes questions, et à préparer ainsi la
solution de l'important problème que je
m'étais posé : *une culture pouvant se
suffire à elle-même.*

Plusieurs expériences simultanées,
faites dans des conditions identiques,
autant que possible, étaient venues
m'apprendre que mille kilog. de moutons convenablement entretenus pou-

vaient fournir l'engrais pour fumer en moyenne cinquante ares de ma ferme, dont vingt-cinq en racines et vingt-cinq en colza, suivis l'un et l'autre de froment, puis d'une prairie artificielle ou d'une dravière, auxquelles doit succéder l'avoine.

D'après ces données, d'un côté je devais me procurer autant de mille kilogrammes de ces animaux, ou leur équivalent, que les soles à fumer contiendraient de fois cette surface (cinquante ares).

De l'autre, il fallait, pour l'entretien de ces mille kilogrammes, environ deux hectares de prairie artificielle, pâturage ou racines, et pour litière les pailles d'un hectare vingt-cinq. Partant de là, j'établis un calcul de proportion qui vint fixer à quatorze le nombre de mes soles que je classai, ainsi qu'on peut le vérifier, dans un ordre tout nouveau.

C'est alors seulement que je crus posséder les éléments suffisants, mais préliminairement indispensables, pour achever mon plan et commencer l'édifice sur les bases larges, simples et solides de *l'alternat* et de la *spécialisation*, laquelle, soit dit en passant, veut qu'on centralise ses moyens de production au lieu de les éparpiller.

Cette dernière règle (la spécialisation), quoique moins absolue que la première (l'alternat), vaut cependant la peine qu'on s'y attache.

Elle consiste à s'adonner aux choses qui sont le mieux en rapport avec la situation et qui peuvent concourir le plus efficacement à élever la résultante de l'exploitation. (Ici ce n'est pas l'homme qui commande, c'est la terre.) A l'aide de ce moyen, l'on voit souvent et avec moins de peine et de frais, le profit remplacer la perte et l'ennui d'une complication presque toujours inutile, lorsqu'elle n'est pas nuisible. Avant de quitter cette esquisse, tellement rapide sur la spécialisation en général, que je

prie mes lecteurs de suppléer à sa briè-
veté ; je rappellerai au sujet des serviteurs ruraux et de leurs auxiliaires, ce
précepte extrait de la *Sagesse des na-
tions*, et qu'elle a dû recueillir de la
bouche de quelque vieux laboureur expérimenté du temps passé : *Chacun son
métier, les vaches sont bien gardées.*
Vous le voyez, le proverbe sait en peu
de mots nous faire une leçon complète
sur la spécialisation à l'endroit des va-
lets de ferme.

Privé de prairies naturelles, aimant
les idées pratiques et à la portée du
plus grand nombre, j'avais en vue *une
agriculture pouvant se suffire à elle-
même*, sauf à lui restituer quelques
principes minéraux lorsque le besoin
s'en ferait sentir.

Je m'arrêtai aux combinaisons énon-
cées au tableau d'assolement comme
étant les plus rationnelles et répondant
le mieux à mes desseins.

Avantages du système.

En effet, entre autres avantages, elles permettent de bien échelonner les travaux qui, mieux répartis que dans la culture triennale, donnent la faculté de réduire les attelages d'un tiers au moins sans que rien n'en souffre dans l'exploitation.

Avec ce système, on est toujours occupé, mais jamais surchargé de besogne. De plus, les récoltes qui précèdent préparent pour ainsi dire le succès de celles qui suivent.

A l'examiner de près, cette méthode simplifie plutôt qu'elle ne complique, et permet de tout équilibrer, en laissant subsister la plus grande liberté de mouvement.

Elle comporte peu de céréales (et si je pouvais m'exprimer de la sorte, je dirais que c'est plutôt une manufacture de viande et de laine aux conditions les

moins onéreuses et les plus sûres);
mais, proportion gardée, le rendement
en est beaucoup plus certain et beaucoup plus élevé, vingt-deux à vingt-
quatre hectolitres au lieu de huit à dix,
dans les mêmes terres avec le système
triennal chez mes voisins.

Au reste, il est à remarquer que je
n'avais point affaire au sol privilégié de
la Brie ou de la Beauce ; qu'ici la main-
d'œuvre est assez rare, toujours chère
depuis que la vapeur a fait entendre
son magique coup de sifflet à nos cam-
pagnards ébahis. Et il est malheureusement vrai que le salaire exceptionnel
qui leur fut alors accordé pour les rete-
nir parmi nous, les a rendu en général
très exigeants (1). Aussi ai-je diminué

(1) Il n'y a pas longtemps, on payait encore deux
journées d'homme avec vingt litres de blé ; aujour-
d'hui, si l'état de choses venait à continuer, le laboureur resterait avec la triste perspective de ne
pouvoir bientôt en payer seulement la moitié ; cependant les charges n'ont point diminué, et toute
proportion gardée, la production, en général, est
loin d'avoir doublé.

l'étendue donnée par mes devanciers à la culture des grains, pour me rapprocher d'un système semi-pastoral dont la main-d'œuvre plus restreinte devait laisser des bénéfices moins incertains.

D'ailleurs, n'était-ce pas marcher d'un pas plus sûr à la transformation d'un sol épuisé ?

A la réalisation de mon programme : *Production avec amélioration et simplification;* enfin donner l'exemple à ce grand nombre de cultivateurs placés dans des conditions semblables ?

En outre, je l'ai fait pressentir déjà, il est vrai de dire que cette culture aussi simple par les moyens qu'efficace par les résultats, admet plus de changements qu'aucune autre ; la non réussite d'un produit peut, sous le rapport de son influence sur les intérêts de l'exploitation, être réparée à temps par le succès d'une autre plante ; elle ne manque donc pas d'une certaine prévoyance.

La machine étant montée, pour la

voir fonctionner constamment avec sécurité et profit, il suffira d'en graisser
convenablement en temps et lieu les
différents rouages qui devront toujours
être réglés et combinés principalement
d'après :

1° La nature du sol, ses aptitudes,
ses exigences ;

2° L'espèce de bétail et sa quotité
déterminée spécialement par le caractère et l'étendue de l'exploitation;

3° L'écoulement plus ou moins facile
et avantageux de ses produits ;

4° Enfin la *main-d'œuvre* et le *capital* dont on veut ou peut *utilement*
disposer.

Ces conditions me paraissent des plus
essentielles à tout bon assolement.

Mais une fois en train, le mode de
culture en question, n'est-il pas attractif?
Sa réalisation pratique moins exigeante
et plus commode qu'autrefois sous le
régime triennal, la variété et l'économie
de ses combinaisons ménageant à la

fois la terre et l'homme qui la cultive, finalement une résultante moins irrégulière, mieux assurée et plus rémunératrice qu'avec tout autre système sous l'empire du Libre-Echange que nous devons accepter et reconnaître. — Ce qui ne veut point dire, remarquez-le bien, qu'il ne faille demander à cette nouvelle puissance la rectification de ses frontières qui de bon compte doivent s'arrêter aux limites *du juste et du possible*. — Tous les avantages que je viens de signaler ne doivent-ils pas engager un plus grand nombre de nos enfants et de nos serviteurs à se fixer parmi nous? Et les verrait-on aussi souvent déserter l'agriculture? Profession si honorable qu'elle donne aux noms les plus illustres par le rang, la naissance ou les dignités, les reflets les plus beaux et les mieux remarqués !

Prairies artificielles ou Soles de remplacement.

Quant aux soles de prairies artificielles, ce nœud gordien de la situation que la faulx et la dent du troupeau se chargent de trancher tour à tour, et que j'ai nommées soles de remplacement à cause du rôle qu'elles sont appelées à jouer ; voici deux mots d'explication : *A vrai dire ce sont les pierres angulaires de l'édifice.*

Dès que l'une d'elles vient à péricliter je me dispose à la remplacer ; à cet effet, au printemps dans le blé semé après betterave, cultivé avec les plus grands soins et en outre chaulé, si besoin est, je sème la prairie, si elle lève bien et végète de façon que l'année suivante après la mauvaise saison, je demeure convaincu du succès, je la fais passer alors dans le cadre des soles de remplacement et en même temps je livre au pâturage l'une de celles qui fournit le moins à la faulx, tandis que sans plus tarder, je procède au défrichement d'une autre, abandonnée depuis un temps plus ou moins long à la dent du troupeau et qui vient se substituer à la deuxième sole de la culture alterne pour recevoir l'avoine du numéro trois, le numéro deux qui le précédait et qu'il est venu remplacer étant passé comme je l'ai dit, à l'avant-garde des soles de remplacement du jour de sa réussite en prairie.

Si, par hasard, cette dernière n'avait pas répondu à mon attente, tout resterait dans le *statu quo;* je la livrerais au pâturage aussitôt la céréale enlevée pour la faire suivre immédiatement, après l'hiver, d'une avoine, la sole de remplacement ne devant manœuvrer, c'est-à-dire se déplacer pour être rompue, qu'après un semis de luzerne ou autre suffisamment réussi. Nous verrons bientôt s'il nous est possible, d'offrir l'hospitalité au Brôme de Schrader, tant prôné.

Le mécanisme dont je viens d'entretenir le lecteur ne complique rien et simplifie tout, son élasticité et sa souplesse le rendent très précieux, en permettant d'atténuer, autant que faire se peut, les mauvais effets résultant des intempéries, et cela sans entraver la marche de l'assolement.

Les soles de prairies artificielles ainsi agencées, jouent ici un rôle qui ne manque pas d'une certaine importance ; je ne leur ai point assigné une limite d'âge, je laisse chacune produire en raison de sa force vitale, et surtout je me garde bien de rien détruire avant d'avoir remplacé valablement.

Bref, c'est une soupape de sûreté qui mérite attention et qui permet à notre culture alterne, de fonctionner avec plus de sécurité et de régularité, de telle sorte, qu'à l'exemple du rentier, l'on peut d'avance apprécier presque mathématiquement ses revenus fonciers, et, partant, baser, selon les besoins, ses économies et les dépenses annuelles : EN TROIS MOTS FAIRE SON BUDGET.

SECONDE PARTIE.

SECONDE PARTIE.

Elevage du Mouton.

J'ai parlé quelque part dans ce récit de l'origine de mon troupeau, il a trop bien su prospérer pour qu'il n'en soit pas encore question.

Ces temps derniers, voulant vérifier par moi-même si la comparaison que j'entendais faire n'était pas trop flattée, je suis allé visiter plusieurs bergeries des mieux famées, j'avoue qu'en revoyant les miennes j'éprouvai quelques sentiments de satisfaction.

Au reste, les prix offerts par mes acquéreurs vont me servir de documents à ce sujet, et à vous, Messieurs, de pierre de touche ; voici, à ce propos, ce que j'écrivais en 1864, peu de temps avant la première visite de l'honorable commission présidée par Monsieur l'Inspecteur général de l'agriculture.

Depuis quatre ans, M. D...., maître de postes de Vandœuvre (Aube), est mon acheteur ; mes réformes et les jeunes moutons de dix-huit à vingt mois, dépouillés de leur toison lui ont été vendus en moyenne trente-un francs cinquante centimes ; une fois je lui ai livré à raison de trente-six francs, toujours après la tonte, un lot de deux ans et demi, qu'il m'a dit avoir revendu, quelque temps après, pour figurer au concours de Poissy.

Quant aux toisons pesant, l'une dans l'autre, près de cinq kilogrammes, si l'on a conservé les moutons de deux ans et demi (suint sec et d'un conditionnement tout à fait exceptionnel, c'est encore le témoignage de mes acheteurs, témoignage contrôlé *de visu* par la commission à sa deuxième visite) elles sont toujours recherchées au cours le plus élevé par nos fabricants. Ces résultats sont ceux des quatre années qui ont précédé la visite de la Commission. A cette époque déjà nos laines commençaient à se ressentir de la concurrence étrangère ; cependant il n'y avait pas encore lieu de trop s'alarmer ; et je ne fis qu'indiquer mes craintes, mais sur ce point le nouveau traité m'apparaissait déjà comme un autre cheval de Troie, introduit chez nous par l'astucieuse Angleterre (1). Et en effet, les ventes, que nous avons faites depuis,

(1) N'est-elle pas venue nous ravir la fleur de nos béliers, en même temps qu'elle essayait de nous prôner ses races, généralement incompatibles avec nos intérêts, notre sol et notre climat?

Mais, heureusement pour nous, le piége était cette fois aussi grossier que coûteux ; et un très petit nombre de nos éleveurs s'y sont laissés prendre.

sont devenues de plus en plus diffi-
ciles ; nos belles toisons ont perdu
25 p. 0/0 au moins. Cet avilissement
progressif ne peut être expliqué que par
l'extension aussi progressive de la concurrence étrangère ; concurrence que
*la disproportion des frais de revient
rend invincible si l'homme d'Etat ne
vient au secours de l'homme des
champs.*

Je suis arrivé aux résultats signalés
plus haut, par l'entretien d'une bonne
race de métis mérinos, des soins bien
entendus, une nourriture saine, variée,
plutôt régulière qu'abondante, et spécialement par un choix excessivement
sévère des reproducteurs mâles surtout,
qu'ils soient pris chez moi ou ailleurs,
n'oubliant jamais que le choix des reproducteurs est, comme le choix d'une
race quelconque, le commencement
d'une bonne opération qu'il faut soutenir et compléter en l'appuyant sur un
régime convenable.

Dans toutes les espèces ovines ou autres, nos races doivent être comme les *espaliers d'un jardin* que nous entretenons pour les empêcher de revenir à l'état primitif ou à peu près, si nous venions à les négliger, mais qu'il importe de ne point transporter en serres chaudes. Nous autres cultivateurs et éleveurs, simples gens du métier, n'avons que faire de ce dernier luxe uniquement inventé par les habiles pour amorcer le public et tendre un piége à l'ingénu qui par malheur s'y laisse prendre un peu trop souvent; quant aux *Sauvageons* ils portent des fruits si peu estimés qu'il est absolument nécessaire de les greffer pour en obtenir de meilleurs. En résumé ce qu'il nous faut à chacun c'est une espèce telle qu'avec des précautions et des circonstances ordinaires nous soyons toujours à même de récolter de bons fruits rémunérateurs de nos soins.

Chez moi la lutte ne dure qu'un

mois, du premier octobre au premier novembre. En procédant de la sorte je n'ai pas de ces retardataires qui se développent difficilement parce qu'ils sont volés par leurs aînés plus forts qu'eux.

Quoiqu'il en soit du peu de temps accordé à la lutte, j'ai remarqué que bon an, mal an, les 19/20 de mes brebis se trouvaient pleines.

Ce n'est qu'à deux ans et demi que les jeunes femelles prennent le bélier; à cet âge leur développement est complet. Après avoir donné trois ou quatre agneaux elles sont mises à la réforme.

Moyens de Reproduction.

Voici mon mode de reproduction :
Sélection purement et simplement intérieure pour les femelles, mais pour les mâles, sélection tantôt intérieure, tantôt extérieure, *c'est-à-dire, alternance du sang masculin seulement.* Telle est ma règle en fait de reproduc-

tion, elle consiste, une fois la réforme opérée parmi les brebis, à prendre dans la même race ses béliers, mais alternativement chez soi et ailleurs, de manière que les mâles ne luttent jamais les femelles qu'ils ont engendrées.

Cette règle permet, au moyen des béliers étrangers sur le choix desquels je me montre sévère, de fournir un sang nouveau, bien que ce genre de sélection laisse cependant prédominer l'ancien.

C'est là mon intention bien arrêtée. Toutefois, si le sang étranger se faisait sentir d'une façon peu avantageuse, par exemple, s'il venait à diminuer la valeur de mes toisons ou ces précieuses aptitudes de précocité, de rusticité, de force d'assimilation, (propriété qui favorise le développement du sujet qui en est doué, mais dont il ne faut pas abuser), je corrigerais vite cette pernicieuse influence par quelques accouplements consanguins et successifs entre animaux

représentant le mieux mon type favori,
notamment les signes bien accentués de
sa *rusticité,* j'allais dire résistance.

Il est toujours prudent de se ménager ce moyen de réparer un écart invo-
lontaire, mais possible, dans l'application de ma règle en fait de reproduction;
car, tout en étant convaincu de son
utilité, j'avoue qu'elle constitue une
opération délicate ; et si l'on n'avait le
tact assez sûr, le coup-d'œil assez subtil,
pour en tirer les avantages en évitant
cette méprise dont je viens de parler,
mieux vaudrait s'en tenir, lorsque l'on
possède une bonne race, remarquable
par sa fixité et l'homogénéité de ses
caractères, mieux vaudrait s'en tenir,
dis-je, à *la pure sélection intérieure*
dont on peut neutraliser, pour ainsi
dire, les inconvénients : 1° en divisant
les brebis par section, et en réservant à
chaque section un bélier spécial et dis-
tinct ; 2° en ayant soin ensuite de ma-
rier les descendants d'une section
avec les descendants d'une autre. Cela

suffirait longtemps sinon toujours, pour donner le coup de fouet à l'organisme et éviter l'abâtardissement *que je crois du reste plus réfractaire chez l'animal que chez l'homme*, mais pouvant toutefois se produire, si l'on ne prend certaines précautions que la prudence indique et que l'expérience recommande.

En résumé, arriver naturellement et sans artifice à faire le plus de laine et le plus de viande possible, dans un temps donné, avec une nourriture donnée, tel est le but que je poursuis et duquel je me rapproche chaque jour.

J'entends même quelques personnes dire qu'il est atteint, que j'ai tort de chercher à mieux faire et que je pourrais m'en repentir. Tous ces discours ne me rendent pas moins vigilant ; je ne veux rien exagérer, mais je vous le demande, ne faut-il pas consolider son œuvre, bien asseoir sa race, en fixer les caractères ?

Entretien du Troupeau.

Si mes assertions rencontrent quelques incrédules, je les invite à venir les contrôler de tout près, ils verront qu'avec des relations comparativement très-modestes, j'entretiens parfaitement un nombreux troupeau.

Par exemple, les bêtes qui ne nourrissent pas d'agneaux reçoivent chaque jour en deux fois, pendant l'hiver seulement, cinq cents grammes de foin autant de paille et un kilo et demi de racines, je puis même dire que beaucoup d'antenais et d'antenaises s'engraissent suffisamment à ce régime.

Pendant tout le temps de l'allaitement on distribue aux brebis une ration plus copieuse de fourrages (un kilogramme) et deux kilogrammes et demi de racines fermentées, mais il faut y aller modérément les premiers jours.

Les agneaux têtent la totalité du lait

de leur mère ; à quatre semaines ils commencent à manger un peu de son, puis peu à peu on y mélange des racines coupées menues, de l'avoine concassée et une petite ration de foin en attendant les premières herbes.

Dans le jeune âge ils sont l'objet de soins particuliers qui influent singulièrement sur l'avenir du troupeau.

Les fourrages verts sont la base de la nourriture des agneaux, à la suite du sevrage qui se termine du 1er au 15 juin ; mais rien ne leur convient mieux qu'une petite ration de betteraves assaisonnée de quelques grains d'avoine et il serait bon de ne pas la supprimer du jour au lendemain sans transition (1).

Tant que la saison le permet mon troupeau va au pâturage ; la première année les agneaux sont conduits sépa-

(1) Qui ne comprend la science *de transition* fera bien de ne pas se mêler d'élevage ? C'est l'une des notions les plus indispensables à l'art de l'éleveur.

rément. Lorsque les matinées devien-
nent fraîches mes bêtes reçoivent avant
de sortir un peu de paille ou de four-
rage.

Je dois aussi faire observer qu'il est
prudent de ne pas pousser les brebis
en nourriture avant leur parturition, de
peur que la masse du sang ne vienne la
rendre pénible et même dangereuse.

A la suite du part, pendant quelques
jours seulement, je recommande encore
un régime doux, des repas légers, et de
l'eau moins crue qu'à l'ordinaire, blan-
chie avec une poignée de farine d'orge ;
grâce à ces simples précautions je tra-
verse, pour ainsi dire, sans accident,
l'époque critique de l'agnelage et il
m'est arrivé qu'au sevrage, petits et
grands répondent à l'appel.

L'excès d'embompoint chez les reproducteurs.

Voulant faire de l'élevage et des reproducteurs, je tiens à ce que mes ani-

maux puissent se développer vite, mais *régulièrement et normalement* sans passer néanmoins par l'obésité, Dieu m'en garde! Les mots régulièrement et normalement sont placés ici comme devant apporter un correctif à cette précocité hâtive et par trop artificielle qui conduit à l'abâtardissement des races, amène l'empâtement des articulations et tend à faire disparaître la *rusticité* si nécessaire cependant à des animaux qui ont à supporter le régime de la pâture avec toutes ses alternatives, *rusticité* parconséquent indispensable à ceux qui en les engendrant doivent leur transmettre ce caractère accompagné, sans doute, d'une précocité moins fantastique, mais réellement plus progressive que la première, parce qu'au point de vue de l'économie animale elle se trouve physiologiquement mieux graduée, dès lors plus solide et plus efficace.

En définitive, à moins que vous ne

livriez à la consommation vos jeunes élèves ou que vous ne craigniez de vous exposer à faire des reproducteurs peu vaillants, traçant mal, aux allures équivoques, ne tendez pas tout d'un coup la courroie de peur qu'elle ne vienne à s'énerver ou à se rompre. Enfin ne chauffez pas si fort la locomotive au risque de la faire dérailler et peut-être éclater en route, tandis qu'au contraire, en réglant sa marche, en la modérant un peu, vous pouvez très bien arriver assez à temps et plus sûrement, pour rencontrer soit le boucher, soit les autres amateurs de vos produits. Agir autrement ne serait-ce pas vouloir mettre l'illusion à la place de la vérité? Et se livrer à une espèce de prestidigitation pour essayer de faire des dupes ou se leurrer soi-même.

La pratique d'un système opposé peut satisfaire quelquefois l'amour-propre, mais ce sera toujours au détriment du maître et de la race qu'il voudrait propager.

Autre chose est l'aptitude à prendre la graisse, qu'il est précieux de bien garder pour l'appliquer au besoin, et cet état exagéré que je n'approuve nullement, tant s'en faut, surtout lorsqu'il s'agit de reproducteurs (1).

La graisse, j'en conviens, séduit le visiteur d'un concours, et moi-même je me suis laissé prendre à cette glu.

Deux fois j'achetai des brebis primées ; presque toutes sont demeurées stériles en cherchant à maintenir leur embonpoint, ou bien elles sont devenues la plupart de fort médiocres nourrices, une fois soumises au *régime de la communauté*.

J'avoue que, sous ce dernier rapport, l'inconvénient est moindre quand il s'agit de béliers entretenus généralement à part et d'une manière spéciale. Ce-

(1) Naguère encore dans une circonstance solennelle, un inspecteur général de l'agriculture n'a-t-il pas cru devoir blâmer cette tendance à l'engraissement prématuré des animaux destinés à la reproduction.

pendant, au point de vue de la vigueur et de la propriété de transmission des caractères, il est bon, je le conseille, de ne pas aller trop loin ; je l'ai dit et j'en donnerai encore une autre raison tout-à-l'heure. *(Du reste, ne faut-il pas en toute chose une juste mesure, et convient-il aux intérêts agricoles d'imiter certaines excentricités ?)*

Tant que ce qui vient d'être observé ne sera pas pris en sérieuse considération, on risquera d'enrayer la marche du progrès, en éloignant des concours l'éleveur qui ne veut subir ni faire subir aux autres les déceptions précitées. Et qui ne voudrait voir concourir dans la catégorie en question que des animaux choisis dans la communauté, mais non séquestrés et nourris comme s'ils devaient disputer le grand prix de Poissy, ni plus ni moins, je vous l'assure : Qui veut la fin veut les moyens, *et vice versâ ;* aussi les lendemains d'un concours régional, personne n'est surpris de rencontrer sur le chemin de l'abattoir des lauréats de la veille.

Tenez, messieurs, qui d'entre nous n'a pas vu décerner à quelques-uns de ces soi-disant reproducteurs la palme du martyr?

Certains indiscrets pourraient vous en apprendre de belles sur ces sortes d'exécutions un peu ténébreuses et prématurées, mais jugées avantageuses, à la suite d'un embonpoint exagéré qui frappe ordinairement d'impuissance et de stérilité les animaux qui en sont atteints. De pareils reproducteurs, il est regrettable de le dire, ne sont plus guère propres *qu'à engendrer des soucis;* à quoi bon s'en embarrasser, je vous le demande?

Pourquoi tout-à-coup, en un plomb vil, l'or pur s'est-il changé?

Bon nombre d'entre nous demeurent convaincus que si la roche Tarpéienne se trouve encore, pour certains couronnés, si près du Capitole, cela ne tient

qu'à l'inobservance des règlements, due
elle-même sans doute à l'étrange con-
fusion et à l'inconcevable oubli des fins
que l'on s'était primitivement proposées
en instituant des concours spéciaux, qui
diffèrent beaucoup, si l'on ne perd de
vue les résultats immédiats et distincts
que chacun d'eux doit encourager en
les récompensant à propos.

En ce qui concerne les concours régionaux, est-il bien raisonnable et ré-
glementaire de pousser l'éleveur à en-
graisser les animaux destinés à la reproduction? Cela ne peut guère servir qu'à
diminuer leur vrai mérite et souvent à
masquer un défaut aux regards d'un
juré quelquefois plus fantaisiste que
clairvoyant. En procédant de la sorte,
les vainqueurs *eux-mêmes* et *surtout* ne
sont-ils pas exposés à mettre prématurément à la réforme des lauréats qui
avant d'avoir été préparés pour le concours se montraient cependant des plus
vigoureux et des plus ardents à la lutte?

Et s'il en est ainsi ne doit-on pas s'attendre à voir considérer bientôt la prime comme *une espèce d'indemnité officielle*, mais non plus comme une récompense attestant la véritable aptitude d'un reproducteur et devant confirmer aux yeux du public *ce brevet de capacité.*

Mais, dira-t-on, qui peut le plus peut le moins. Je répondrai tout simplement, qu'ici, un pareil langage n'est pas sérieux, et qu'une foule d'indices, la race, l'ensemble des formes, la texture de la peau, une bonne constitution, etc., doivent suffire à un jury expérimenté pour lui faire diagnostiquer sûrement la disposition d'un animal à prendre la graisse.

Je pourrais mettre les points sur les *ii*, mais ne voulant désobliger personne, je ne saurais être plus explicite.

Il me suffira de constater avec un grand nombre d'observateurs, qu'il est fâcheux que l'appréciation de certains jurés s'accorde si peu avec la logique

des faits et les recommandations vaine-
ment édictées dans les réglements.

Nous persistons donc à croire que si
on voulait sérieusement écarter le voile
en question (excès d'embonpoint) et
mettre quelque puritanisme dans la
manière d'opérer en se rendant mieux
compte du but indiqué et de l'utilité de
sa mission, il y aurait moins d'inconsé-
quences à déplorer.

Dès lors la victoire bien renseignée,
se montrant l'habile interprète du progrès et la garantie de l'avenir, n'irait
plus offrir à ces espèces d'eunuques
engraissés ou à des femelles stériles, les
lauriers qu'elle destinait aux vrais reproducteurs.

Bergeries régionales.

Pour mettre un terme à ces abus, si
tout le monde voulait être de bonne foi,
nous nous contenterions du vœu que je
viens de formuler, consistant à choisir

dans le troupeau, au moment de concourir, les animaux à exposer.

Mais voulant élargir la voie du progrès et en fermer l'accès à la fraude, nous sommes obligés d'être plus radicaux encore.

Pour ne mécontenter personne, je commence par dire : observons les règlements et maintenons ce qui existe, mais à côté, créons un nouveau mode d'encouragement, *un véritable prix de bergerie.*

Permettez que j'expose très-rapidement ma manière de voir sur ce nouveau sujet.

D'abord, pour éviter toute idée de déloyauté dans la mise à exécution de ce système de récompenses, ne pourrait-on pas exiger de l'éleveur qui voudrait entrer en lice un numérotage fidèle, exact, indélébile, de tous les animaux compris dans les catégories admises à concourir.

A un jour donné, peu de temps avant

le concours, aux préfectures, par exemple, un tirage aurait lieu.

Tout éleveur, propriétaire de quarante ou cinquante agnelles, au moins, et d'un même nombre d'antenaises pourrait se présenter ou se faire représenter à ce tirage.

Les dix premiers numéros sortis feraient une loi à chaque concurrent sous les peines stipulées aux règlements, de présenter à tel concours désigné, cinq antenaises et autant d'agnelles, choisies par le principal intéressé dans leur série respective et distincte.

Le numérotage dont je viens de parler devrait avoir lieu dans les premiers six mois de la naissance des animaux. Cette opération terminée, avis en serait donné à l'administration qui pourrait dès ce jour exercer son contrôle plus efficace et plus facile qu'avec le mode actuel. A partir de cette époque tous les cas de mortalité ou de disparition quelconque seraient constatés par une déclaration du propriétaire, transmise à qui de droit dans un délai déterminé.

Lors du tirage, l'animal manquant serait remplacé par le numéro qui le suivrait immédiatement, à moins qu'il ne soit compris lui-même dans la série résultant du tirage au sort, dans ce cas, c'est le premier numéro libre venant après qui devrait concourir au rétablissement de la série ; mais il faudrait toujours que le contingent exigé, de quarante ou cinquante agnelles ou antenaises, fut complet au jour du tirage.

A l'aide de ce procédé n'atteindrait-on pas plus sûrement le but que l'on poursuit ? Et un amateur tant soit peu expérimenté, ayant sous les yeux un spécimen ainsi composé, ne serait-il pas mieux guidé dans son choix pouvant se faire une idée plus exacte de toute une bergerie, c'est-à-dire de sa valeur tant individuelle que collective, par conséquent une opinion plus complète et

mieux raisonnée de la race qu'il juge-
rait à propos d'adopter ?

Avec ce système, les déceptions seraient, j'en ai la conviction, beaucoup
moins à redouter pour les commen-
çants, surtout, qu'il ne faut jamais décourager. Et puis ne serait-ce pas là un
moyen économique d'établir dans toutes
les régions, sans privilège autre que leur
mérite, des bergeries modèles, véritables
émules de celles entretenues par l'Etat,
dans trois ou quatre de nos départements ? En un mot, ne serait-ce pas
mettre à la portée de tous les intéres-
sés, de nombreux instituts où l'on pourrait aller sûrement puiser les leçons de
l'expérience et prendre des reproducteurs dignes de leur réputation ?

Examen comparé du tissu adipeux et du système musculaire.

Ce que j'ai observé relativement à
l'excès de graisse dans l'espèce ovine,

concerne aussi bien les éleveurs de gros bétail,

Qu'ils y fassent également attention : Lorsqu'une bête trop grasse est venue faire visite à l'étal, n'entendent-ils pas des gens se récrier qu'on les prend donc pour des enfants d'Albion ?

Moins de graisse, messieurs les bouchers, mais un peu plus de cette chair belle, savoureuse et persillée comme nous l'aimons généralement en France. Voilà ce que l'on vous demande poliment et peut-être prématurément aujourd'hui. Néanmoins, souvenez-vous du conseil, car si, le cas échéant, vous veniez à l'oublier un peu trop souvent, la partie gastronomique de votre clientèle irait s'approvisionner ailleurs et y porter le plus clair de vos bénéfices.

Tenez, Messieurs les éleveurs, braquez un instant vos lunettes vers un certain rivage, ne voyez-vous pas dans le lointain nos pourvoyeurs habituels, ces redresseurs des torts du genre humain, rire sous cape et se pâmer d'aise en se préparant à jeter sur nos côtes leur cargaison de reproducteurs, type améliorateur du genre reconnu alors, *correcteur indispensable* de l'obésité jadis tant vantée et trop primée.

Que voulez-vous, nous avons affaire à un si bon voisin, si prévoyant, si obligeant *pour ceux qui le paient généreusement*, qu'on le trouve toujours prêt à profiter de tout, même d'un mal qu'il prônait naguère. Et n'allez pas vous figurer que cette sorte de complicité l'intimide le moins du monde. Il saura toujours faire bonne contenance et s'y prendre de façon à vous colloquer quand même, sa nouvelle marchandise, et vous aurez beau dire *Timeo danaos*, etc....

Tâchons de nous en passer et forçons les autres à venir chercher chez nous le type correcteur en question. C'est assez tentant ma foi. Essayons de prendre cette revanche, montrons-nous habiles à notre tour et soyons des premiers à nous arrêter à temps.

Après avoir diminué la charpente osseuse au profit du système charnu, maintenons l'équilibre, après une rectification n'allons pas donner dans un autre excès, et gardons-nous de vouloir faire prédominer le tissu adipeux par des accouplements plus ou moins anormaux, mais plus ordinairement par une nourriture trop copieuse et trop riche, acccompagnée presque toujours de trop peu d'exercice et de grand air, du moins pour ce qui regarde les mâles, dans l'espèce ovine et bovine.

La faute commise, il nous en coûterait pour la réparer et rattraper le temps perdu.

En effet, une fois ainsi désorganisé, le système musculaire demandera pour se refaire plus de temps et de soins que l'appareil à graisse, parce que la marche suivie pour arriver à la formation et à la reconstitution de leurs molécules res-

pectives (chair et graisse) se trouve ré-
glée par des lois physiologiques diffé-
rentes, spéciales à chacun d'eux ; et qui,
pour devenir efficientes, ont besoin du
concours d'une élaboration plus délicate,
d'une assimilation (sui generis) comparativement plus lente, en un mot plus
exigeante et plus pénible pour l'économie animale, dans le premier cas que
dans le second.

Afin d'éviter tous ces mécomptes et
tous ces sacrifices, et nous ménager
l'*aubaine* dont j'ai parlé, appareillons
avec un soin tout particulier nos reproducteurs que nous entretiendrons ensuite, selon leurs aptitudes et leurs besoins, par une sélection intelligente toujours appuyée, bien entendu, sur un régime convenable. (*Ni trop, ni peu, mais
assez; l'excès en tout devenant un défaut.*)

C'est, je crois, le meilleur moyen de
se prémunir contre les conséquences
fâcheuses du sang primitivement améliorateur dont on aurait exalté certaines

aptitudes. Si nous ne voulons rien compromettre, ne dépassons pas le but, et une fois qu'il est atteint ne nous laissons point entraîner ni en deçà, ni au-delà, mais tenons ferme la balance et n'allons pas rompre son équilibre en chargeant de trop de suif l'un de ses plateaux.

Pour mon propre compte, je me sens disposé à prêter une oreille plus attentive à la voix mieux inspirée de ces vaillants apôtres de notre agriculture; j'en trouve les accents plus naturels et moins trompeurs, je les préfère aux échos moins sympathiques et moins vrais partis de la rive étrangère, aussi je cherche à mettre sur le squelette plus ou moins réduit de mes animaux, plus de chair et moins de graisse.

Résumé

Cet exposé paraîtra peut-être hors de propos, je le crains, mais je n'ai guère plus le temps que l'habitude d'écrire. Une fois en *train*, permettez à quelques-unes de mes réflexions de prendre les dernières places, priant très-humblement mes honorables lecteurs de leur souhaiter bon voyage, si toutefois, ils leur trouvent une *valeur réelle*.

En essayant de joindre le précepte à l'exemple, vous avez dû voir, si j'ai su me faire comprendre, par quels principes je me suis laissé guider.

Ils reposent sur cette opinion : qu'en agriculture tous ceux qui s'en occupent d'une manière active et pratique doivent chercher dans leur exploitation la *meilleure résultante possible* et qu'ils ne peuvent y parvenir généralement qu'en faisant de la *spécialisation* tant au point de vue de la production végétale, qu'au point de vue du bétail; qu'en équilibrant et harmonisant ces deux choses, au moyen du *système alterne* approprié aux circonstances. C'est dans la réalisation de ces principes que j'ai cru trouver le vrai moyen de donner à ma culture toute sécurité et toute garantie possible.

Sans doute, l'application de cette *réforme* que j'appellerai aussi *hygiène culturale*, n'augmentera pas la surface arable, mais elle en fera monter la production en multipliant sa puissance végétative, en économisant et utilisant mieux les forces mises en action par une répartition plus rationnelle, un aménagement plus judicieux des récoltes à prélever sur la fumure.

Oui, Messieurs, j'ai foi en ce mode de culture ; je crois accomplir un devoir et faire acte de patriotisme en cherchant à le vulgariser dans notre belle patrie.

En effet, en se propageant, ne doit-il pas marquer la date d'une ère d'émancipation pour la France en ne la rendant plus tributaire de l'étranger ?

Bref, ne doit-il pas réparer le passé, alléger le présent, enfin rassurer l'avenir. Il n'y a rien là qui ressemble à un tour de force ou qui rappelle l'œuf de *Christophe-Colomb*, je le reconnais avec vous, chers lecteurs, c'est simple et naturel comme *bonjour et bonsoir*, par malheur un peu moins usité.

Eh cependant, lorsque nous aurons assez grandi pour accepter le libre échange, ce géant issu de la liberté et du progrès, une fois, dis-je, que nous aurons assez de taille pour que nous puissions ceindre son front de la couronne du vrai civisme, quel régime pourrait avec plus de sécurité, d'économie et de régularité, faire mieux gonfler les mamelles de l'agriculture ?

La rémunération et le libre échange.

Si, pour bien apprécier le résultat de notre entreprise particulière, je me livre à une revue rétrospective, je vois que j'ai acheté la moitié de ma propriété à raison de six cents francs l'hectare ; que j'ai dépensé soixante-dix mille francs en améliorations diverses, matériel et constructions ; *c'est mon passé*. Et voici *mon présent* : en moyenne, quatre-vingt-dix francs de produit net par hectare cultivé. Les céréales y entrent pour un tiers environ ; le surplus est l'affaire du troupeau.

Devons-nous nous contenter de cètte résultante ? Non ! Et encore nous serions loin d'avoir pu l'atteindre à l'aide du système triennal : la culture alterne semi-pastorale seule l'a rendue possible, malgré le nouvel état de choses.

Quoi qu'on puisse penser de ces résultats, déjà bien modestes pour le capital engagé dans l'exploitation, toutes proportions gardées, sont-ils donc de nos jours si communs et si faciles à se procurer, qu'il y ait mauvaise grâce à venir réclamer contre l'application d'un traité à l'occasion duquel on aurait, à notre détriment, surpris la religion du gouvernement ? Et ne sommes-nous pas suffisamment autorisés pour dire aux sentinelles avancées de l'agriculture : *Prenez garde à vous !* Ah ! messieurs, c'est qu'en définitive, sans la rémunération, quoi qu'on puisse faire et nonobstant toutes les sympathies professionnelles que doit éveiller dans le cœur de la jeunesse, un système d'éducation heureusement mieux compris ; sans la rémunération dis-je, point de vie possible pour l'agriculture ! Oui je le répète, et cela vaut la peine d'insister, *sans une rémunération vraie et accessible* non plus seulement aux statistiques, mais au moins à ceux qui observent les saines méthodes culturales, sans cette rémunération, j'ose le dire, le sort de l'agriculture serait compromis et son déclin inévitable ! en effet refuser au cultivateur sa récompense naturelle, autrement dit le salaire mérité de ses labeurs, n'est-ce pas le priver de son levier le plus puissant ? n'est-ce pas lui enlever le pain de sa retraite **et** fatalement le vouer au supplice de Tantale.....

Sous l'empire du traité qui nous régit, s'il nous était possible de vendre le blé dix-huit à vingt francs l'hectolitre, et si, d'un autre côté, le rétablissement de la taxe sur les laines étrangères avait lieu, le résultat que je viens de présenter, deviendrait meilleur, et ce ne serait que justice, n'en déplaise à messieurs les doctrinaires.

J'avoue qu'avec une main-d'œuvre moins rare, un peu moins exigeante, et *notamment avec des impôts réduits,* la culture alterne et spécialisée peut faire du blé au-dessous de vingt francs l'hectolitre : mais en attendant que tout cela soit passé dans le domaine des faits, il faut vivre de sa profession. Et le meilleur moyen de transition actuellement applicable me paraît être une taxe fixe faisant indirectement contribuer à nos charges l'étranger (1) qui, en venant fréquenter notre marché, profite par là même de tout ce que nous avons dépensé pour lui en faciliter l'accès.

Quant au rétablissement de la taxe sur les laines étrangères, elle ne frapperait, pour ainsi dire, point les classes ouvrières, tout en venant améliorer d'une manière sensible la recette du producteur ; nous osons même affirmer que, comparée au droit protecteur réclamé pour le blé, elle nous semble beaucoup plus logique, et plus indispensable, examinée à la fois dans son principe et les conséquences de son application, tant au point de vue de l'économie politique, qu'au point de

(1) En attendant mieux de l'avenir ; les mesures de prudence que nous croyons devoir indiquer pourraient servir à l'agriculture de plusieurs façons ; 1° en modérant la concurrence étrangère et le trafic non moins fatal des intermédiaires. 2° en permettant à l'Etat le dégrèvement presque immédiat de certains impôts fonciers.

vue de l'économie rurale; à ce dernier point de vue surtout, elle exercerait sur l'avenir d'un tiers de la France et la plus grande partie de l'Algérie, une influence qui, naturellement, conduirait à la pratique des saines doctrines : *le système alterne semi-pastoral, seul possible dans les pays neufs comme dans les contrées au sol de fertilité moyenne et privées de prairies naturelles).*

Pour le moment, les autres mesures, dont on nous entretient, ne font qu'attester l'intérêt qu'on nous porte; malheureusement elles ne sauraient être aujourd'hui que les auxiliaires d'une taxe vraiment et justement tutélaire, pondérée d'après les besoins de l'agriculture et les exigences de l'industrie. Sans cela je douterais longtemps encore de l'application du grand principe de la rémunération. Vouloir priver les plus favorisés d'entre nous d'un bénéfice aussi légitime que modeste, et cela, le plus souvent au profit exclusif de l'étranger ou d'intermédiaires qui, en général, vous le savez, exploitent et consommateurs et producteurs; ce serait décourager les plus intrépides; ce serait nous détourner de la voie dans laquelle le gouvernement nous avait engagé, à vrai dire, ce serait faire du *lèse-échange* aux dépens du producteur français et au profit surtout 1° des étrangers, 2° des intermédiaires, 3° des grands consommateurs, tels que l'État avec son armée, ou bien la grande industrie avec ses fabriques : mais à voir juste, c'est la partie la plus intéressante des consommateurs, c'est la classe ouvrière qui vient le moins profiter de la révolution économique. Nous pourrions dire qu'elle en souffre elle-même; une agriculture florissante pouvant seule largement rémunérer le travail national.

Je sais bien que les laines du cap, de l'Australie, n'entrant plus en France, les notres atteindraient un prix trop

élevé pour que l'industrie qui les em-
ploie puisse lutter avec l'industrie étrangère, c'est incontestable; mais ce qui
ne l'est pas moins, c'est la baisse exces-
sive et irrésistible que la franchise des
laines étrangères ou des mesures ana-
logues ont, de tout temps, imprimée à
notre marché intérieur sous ce rapport;
et l'écart de plus de vingt pour cent,
entre les prix de la période écoulée
depuis la franchise et ceux de la période
antérieure, dit assez haut ce qu'il est
urgent et sage de faire. Sans droit
réellement protecteur, c'est-à-dire, sans
une taxe fixe, au poids et non plus *ad
valorem* qu'on parvient toujours à élu-
der plus ou moins suivant la probité du
déclarant ou la sagacité du douanier,
nous ne pourrions soutenir *la concurrence étrangère* : car avec 1° la spécia-
lité agricole de ces vastes contrées où
le sol devient pour ainsi dire la propriété du premier occupant, 2° la vapeur qui diminue la distance qui les

sépare de notre stock, 3° la puissante organisation du commerce contemporain, elle pourrait toujours venir écraser nos cours,

L'une des principales causes de notre infériorité dans la lutte actuelle provient sans doute de l'inégalité dans les prix d'acquisition du sol et les charges qui chez nous pèsent sur lui ; mais ne provient-elle pas aussi de ce que la rapidité des communications est venue amoindrir au profit de l'étranger la protection naturelle qui pour nous résultait des distances ? — On pourrait encore reprocher au nouveau traité de fournir à l'acheteur, surtout à l'acheteur de nos laines, un moyen de plus d'influencer le producteur. En présence des nombreux arrivages de l'*Australie* celui-ci ose moins discuter les premières offres qui lui sont faites, de peur de voir son marchand prendre le chemin de *Londres*. Cependant, il faut y prendre garde, et je le répète, il nous serait impossible dans la plupart des exploitations où il prospère, de remplacer notre mérinos par un autre bétail; de cette impossibilité et de la comparaison des frais de revient qui constituent suffisamment le cas de force majeure, doit sortir notre sauvegarde, c'est ma conviction,

Ce que je dis n'est pas de nature à satisfaire les optimistes qui, consultés sur la question dont s'agit, ont répondu sans plus s'inquiéter, que la nécessité de mélanger les laines étrangères aux nôtres suffirait pour maintenir ces dernières à un prix rémunérateur ; mais, soit que ces personnages aient mal vu les choses, soit qu'ils aient été induits en erreur par des renseignements incomplets, inexacts, ou bien soit que par suite des progrès de notre industrie, de son savoir faire, *d'artifices peut-être*, le mélange des laines qui était regardé à cette époque comme indispensable à nos fabricants ne leur fut plus nécessaire ! *Le fait* d'une dépréciation aussi regrettable que peu encourageante n'en est pas moins à l'ordre du jour, et chaque année, à l'époque de la tonte, nous voyons cette nouvelle épée de *Damoclès* suspendue sur nos têtes, aussi il arrive souvent que les mieux tondus ne sont pas ceux qu'on pense....

Les coups de fortune, qui soudain enrichissent , n'appartiennent pas à l'agriculture, et ce n'est point là le sujet de nos plaintes. Dieu nous en garde ! nous voudrions seulement pouvoir imiter l'allouette, cette gaie compagne du laboureur, et comme elle faire *petit à petit* notre nid ! Mais nous augurons bien de l'enquête. L'initiative que vient de prendre le gouvernement, l'intérêt des grands corps de l'État, la constante sollicitude et la haute prévoyance de l'Empereur nous la font envisager avec confiance.....

Assurément, pour ce qui me regarde,

la route parcourue ne l'a pas été sans avoir rencontré maints obstacles, mais ils ont servi de point d'appui à ma volonté, et j'ai été assez énergique ou assez heureux pour en triompher.

Les mots de *rêveur, chercheur de systèmes, etc.*, m'ont moins effrayé. Et l'opposition si vive de ma famille à mes projets de rénovation agricole m'a semblé beaucoup plus digne d'attention.

A la vérité, je le confesse, un peu ardent pour mon nouveau métier j'appelais plutôt la bride que l'éperon.

Mais, laissons ces petites misères de la vie pour nous rappeler seulement les bonnes intentions et, ce qui vaut mieux encore, certains actes d'un vrai dévouement.

Surtout n'oublions jamais la joie douloureuse que nous a fait éprouver le triste mais encourageant adieu de mon vieux père.

En traçant ces dernières lignes, j'ai moins eu l'intention de montrer les difficultés morales de l'entreprise, que de signaler à mes lecteurs, l'efficacité de la persistance dans le but à atteindre.

Je saisirai cette occasion pour dire à ceux qui ont un goût prononcé pour l'agriculture et qui voudraient marcher sous sa bannière, que le cultivateur *avant d'arriver au champ de repos*, a plus d'un *champ de bataille* à traverser et que pour lutter victorieusement contre les résistances qu'il doit y rencontrer et qui servent du reste à entretenir chez lui un très-utile ressort, il importe qu'après s'être rallié aux saines doctrines, il s'avance avec *discernement et prudence*, armé non-seulement d'une foi vive et robuste, mais aussi d'une volonté forte et patiente et ne trahisse point le progrès en déposant ses armes aux premiers chocs.

A l'œuvre, jeunes confrères, il est urgent de démolir cette vieille masure de la culture triennale, de peur qu'en là laissant s'effondrer d'elle même elle ne vienne nous étouffer sous ses débris poudreux et vermoulus.

Le progrès a déjà miné insensiblement le vieil édifice, mais pour consommer son ouvrage il faut que la culture alterne et spécialisée vienne le renverser.

Répondons à la voix de ceux qui, blanchis sous le harnais nous appellent au combat : *Delenda Carthago?* Voilà le mot de ralliement des soldats de l'avenir.

Le spectacle des souffrances de notre agriculture doit d'autant plus nous toucher que beaucoup encore viennent du défaut de *savoir* et de *vouloir*.

Le savoir est *l'âme* de la volonté, comme la volonté *celle* de l'exécution ; *l'une* inspire et éclaire ce que *l'autre* s'efforce de réaliser. En d'autres termes, l'initiative en matière d'agriculture ne peut être que l'expression de la volonté dirigée par l'intelligence, et stimulée par l'attrait, voire même quelquefois, les péripéties de l'expérimentation.

Tel est à mes yeux l'esprit d'initiative qu'il faudrait substituer à l'inertie et aux torpeurs de la routine.

C'est pourquoi, quiconque pense avoir trouvé la bonne voie ou quelque chose qui nous en rapproche, doit l'indiquer franchement.

Bannissons l'égoïsme et cherchons ensemble le fil providentiel qui peut nous aider à sortir du labyrinthe et guider nos pas vers les horizons de l'avenir.

Instruisons-nous donc les uns les autres, et unissons nos efforts pour que nos fils soient plus heureux que nous. Écartons de leur chemin le plus d'épines que nous pourrons, mais étudions-nous surtout à ne pas leur léguer des exemples mauvais.

En ce qui me concerne, j'ai cru devoir initier le public à la sécurité de ma méthode culturale, ainsi qu'à la simplicité de son mécanisme. Il me reste maintenant à attendre le verdict du lecteur, c'est à lui, à son tour, qu'il appartient de voir jusqu'à quel point j'ai su remplir la tâche que je me suis imposée en publiant cet opuscule : hélas ! je me promettais d'en répéter, un peu plus tard, les leçons à un fils bien aimé ! puissent-elles au moins ne pas rester sans écho et profiter à quelques-uns de ceux qui lui ont survécu.

Si cette dernière et cuisante épreuve peut désormais laisser mon âme accessible aux douces émotions, je m'estimerais suffisamment heureux, après avoir travaillé à la démolition du vieux régime, d'apporter une pierre au nouvel édifice, et de contribuer à la propagation d'un système qui pût transformer notre agriculture et assurer son avenir, tout en le simplifiant et en l'améliorant : ce système, à mes yeux, repose sur la culture alterne associée à la spécialisation, et l'instance aujourd'hui pendante, ne ferait-elle accueillir que les vœux des moins exigeants, c'est

encore dans cette heureuse combinaison que la plus grande partie du monde
agricole doit chercher *sa rédemption et
trouver son salut.*

Conditions du droit à la protection.

Ainsi qu'on peut s'en convaincre, je
n'ai subi aucun entraînement, et libre
de toute influence, j'ai dit franchement
ma pensée. Si je parle du traité de 1861,
en ce qui concerne l'agriculture, je ne
demande protection que dans les cas de
transition ou de *force majeure*; c'est-
à-dire que selon moi, le droit à la protection peut certainement naître de la
transition d'un régime à un autre;
mais plus rigoureusement il doit toujours résulter de la co-existence : 1° de
la nécessité du produit indigène exa-
miné au point de vue de l'économie
rurale, 2° de l'impossibilité pour un
très-grand nombre de cultivateurs de
substituer utilement un autre produit

à celui que vient déprécier la concurrence des similaires étrangers , 3° de
la disproportion des frais de revient. Il
va sans dire, d'après ce principe de
restriction, que, plus on allégerait les
charges qui pèsent sur l'agriculture,
plus on pourrait permettre au libre
échange de reculer sa frontière et plus
nous pourrions accepter de liberté com-
merciale. Pour nous résumer , nous
dirons, de deux choses l'une, ou le libre
échange doit chercher à se mettre à
notre taille ou bien il doit attendre que
nous ayions grandi ; mais cette dernière
condition ne dépend pas seulement de
nous ; elle dépend encore de la volonté
du législateur ; c'est à lui que revient
l'honneur de faire tomber la plupart
des entraves qui, hélas! s'opposent à
notre développement.

Bref, l'agriculture alterne, non plus
jeune et ardente, mais déjà murie par
l'âge et les épreuves, vient dire à ceux
qui l'ont évoquée : *me voilà*, comptez sur

ma volonté : mais prenez garde que mes forces ne trahissent mon courage : si vous voulez me voir debout, prête à lutter, allégez ce fardeau qui m'accable; ne m'enlevez pas mes fils, laissez-les combattre à mes côtés, toujours prêts à nous venger de nos ennemis (1).

Avant de nous quitter, amis lecteurs, rappelons que, dans nos campagnes, le baromètre des affaires et du bien être, c'est l'agriculture! Quand son niveau

(1) Si le gouvernement est jaloux de satisfaire les grands intérêts de la patrie, il s'efforcera de réduire les charges du pays en diminuant le nombre des troupes *en activité de service* et en augmentant considérablement les *troupes de réserve.*

Les premières ont pour but la conquête, les troupes de réserve garantissent l'indépendance nationale.

(*Œuvres de Louis-Napoléon Bonaparte,*
tome 3, page 54).

Nota. *L'auteur doit constater que déjà une partie du programme préconisé par Louis-Napoléon est en voie d'exécution, principalement en ce qui concerne le dégrèvement du budget du ministère de la guerre.*

Le dernier licenciement et la création d'une réserve qui demeure presque constamment dans ses foyers, nous font envisager sous ce rapport l'avenir avec confiance.

descend, tout baisse avec lui (moins nos clameurs cependant), lorsqu'il monte au contraire tout s'élève, et si les épis se courbent c'est pour rendre hommage à la terre. Aujourd'hui qu'il y a une halte dans cette prospérité tant désirée, cherchons sincèrement à y mettre un terme, et gardons-nous de parler privilège quand nous sommes assez forts pour nous en passer ; montrons-nous aussi généreux que braves vis-à-vis de nos rivaux ; *mais que rien ne nous rappelle la journée des dupes....*

Justice et égalité, tels doivent être, rigoureusemtnt parlant, les cris de l'enquête. En voulant les apaiser ne nous laissons point égarer par le passé, il nous empêcherait de rectifier le présent et pourrait compromettre l'avenir ; demandons seulement ce qu'il est sage qu'on nous accorde et n'oublions pas, gouvernants et gouvernés, qu'étant tous appelés au banquet de la vie, il doit y avoir place pour cha-

cun, si tous nous savons bien comprendre nos droits, nos devoirs et notre
belle devise : *Patrie ! Patrie ! Patrie !*

FIN.

CONCOURS RÉGIONAL

de Chaumont (Haute-Marne).

Ferme de la Maison-Renaut,

Commune de Richebourg, canton d'Arc-en-Barrois,

EXPLOITÉE PAR M. DAUVÉ.

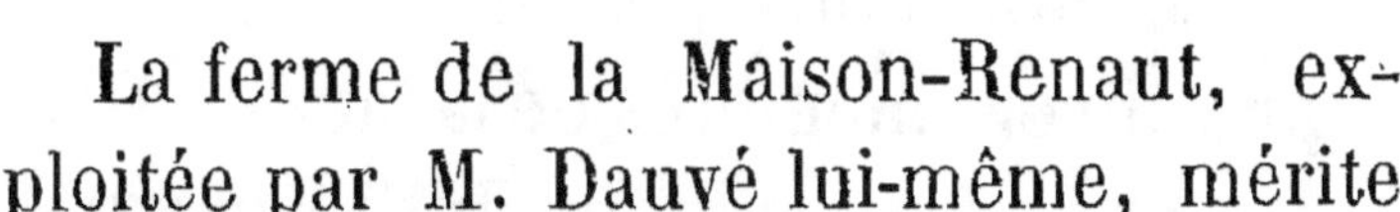

Extrait du Rapport fait par M. Lippmann,

DE STRASBOURG.

La ferme de la Maison-Renaut, exploitée par M. Dauvé lui-même, mérite d'être signalée.

Après avoir fait, à Paris, ses études et s'être fait recevoir licencié en droit, M. Dauvé vint s'établir à Nancy où il était, en 1848, clerc d'avoué. Déjà, à

13

cette époque, son vif penchant pour l'agriculture lui faisait désirer de venir habiter la ferme appartenant à sa famille, mais il dut céder aux instances de ses parents, et en quelque sorte, malgré lui, il acheta à Nancy une charge d'avoué, dont les produits rémunérateurs auraient pu séduire maint officier ministériel.

Cependant, un beau jour, ne pouvant résister à son vif amour pour l'agriculture, et malgré la belle position qu'il occupait, M. Dauvé céda son étude, et au grand déplaisir des siens, il vint s'établir à la ferme de la Maison-Renaut.

Le domaine appartenait par indivis aux divers membres de la famille Dauvé. Le nouvel agriculteur dut provoquer le partage des terres ; il eut d'abord à combattre le système de morcellement préconisé par ses co-partageants, et fut enfin assez heureux, après diverses opérations d'échanges, de réunir d'un seul tenant une surface de 70 hectares qu'il exploite en ce moment. Il convient surtout de remarquer que le lot échu à M. Dauvé est celui dont les terres étaient dans les conditions les plus défavorables; il dut commencer à défricher et épierrer le sol, le défoncer et assainir, créer des chemins d'exploitation, en un mot, transformer le domaine.

Les constructions nouvelles comprennent : maison d'habitation très commode, parfaitement orientée avec appartements élevés, clairs et confortables, étable, grange, bergerie, caves voutées, le tout parfaitement disposé, tant comme aménagement général que comme distribution intérieure. Les anciens bâtiments sont situés en face des précédents et servent de bergerie, d'écurie, de basse cour et de remise pour le matériel. Si le bâtiment d'habitation n'est pas d'une sévérité assez grande pour une maison de ferme, il faut en chercher la cause dans le désir qu'avait

M. Dauvé de faire regretter le moins possible à Mme Dauvé le confort et les agréments dont elle jouissait dans Nancy, sa ville natale.

La cour de la ferme est vaste et munie d'un abreuvoir qui se trouve à l'une des extrémités. Il n'existe en ce moment à la ferme, ni emplacement spécial pour le fumier, ni fosse à purin. Nous ne doutons cependant pas que M. Dauvé n'ait l'intention de doter prochainement sa ferme de ce complément indispensable (1).

Les animaux trouvés à la ferme au moment de la visite étaient :

6 chevaux.

3 vaches et une génisse.

348 bêtes à laine, dont 115 agneaux et 3 béliers.

Ces troupeaux présentent un très-bon

---

(1) En attendant, le propriétaire a sa place à fumier au nord des vieux bâtiments, dans un endroit ombragé, sur un sol creusé en fond de chaudière et assez glaiseux pour que le purin ne puisse s'en échapper.

résultat tant comme conformation que comme toison. Les béliers se vendent de 100 à 200 francs, suivant leurs qualités.

Toutes les cultures sont en bon état et sont sensiblement meilleures que celles des voisins. Cependant elles laissent à désirer sous le rapport de la propreté, qui n'est pas entièrement parfaite.

Les chemins en général, dits chemins de défruitement, sont démesurément trop larges, et font perdre à la culture une partie notable de surface qui doit être amenée sur la charrue (1).

Il est à remarquer que M. Dauvé suit un système alterne spécial. Les cultures de 65 hectares (2) exploités lors de la visite du jury étaient ainsi réparties :

(1) Dans la culture pastorale ces chemins servent aussi de promenoirs aux troupeaux qui gâteraient toutes les récoltes bordant les dits passages, s'ils ne présentaient une certaine largeur.

(2) M. Dauvé vient d'ajouter à sa culture 5 à 6 hectares.

Froment...............	11	hectares.
Avoine de printemps...	11	»
Luzerne et sainfoin....	22	»
Pois d'hiver...........	5	»
Pois d'été............	5	»
Betteraves	5	»
Jachère.............	6	»
Surface égale..	65	hectares.

Ainsi qu'on le voit par les chiffres qui précèdent, les fourrages annuels occupent 32 hectares, c'est-à-dire à peu près la moitié de la surface cultivée.

Tous les instruments, tant d'extérieur que d'intérieur de la ferme, sont d'un très-bon choix et d'une belle qualité; ils sont également en quantité suffisante pour les besoins de la ferme.

Au point de vue financier, la position actuelle de M. Dauvé ne peut être établie d'une manière exacte, faute d'une comptabilité rigoureuse et appréciable. Nous ne doutons pas que M. Dauvé ne soit empressé d'introduire dans sa culture cet élément d'une utilité incontestable, et qui n'existe aujourd'hui qu'à l'état de carnet fort primitif.

M. Dauvé est vaillamment secondé dans ses efforts par les soins empressés et le dévouement le plus absolu de sa femme, qui, quoique appartenant à l'une des illustrations du barreau de Nancy, n'a pas craint d'abandonner le séjour de cette ville, où tant de sympatiques souvenirs la rattachaient, pour venir partager avec son mari les fatigues, les ennuis, souvent les déceptions de la vie champêtre.

En résumé, la ferme de la Maison-Renaut est dans une bonne voie, et nous nous plaisons à constater les efforts et la persévérance de M. Dauvé.

Aussi le jury, pour témoigner à M. Dauvé ses marques de satisfaction, lui accorde, à l'unanimité, une médaille d'argent à raison de son beau troupeau et de la belle qualité de sa laine.

ERRATA.

Page 27, douzième ligne, au lieu de : *Ne pas abuser de ces dernières*, lisez : *Ne pas abuser de ces derniers.*

Page 52, dernière ligne, au lieu de : *les descendants d'une autre*, lisez : *les descendants d'une section avec les descendants d'une autre.*